FORSCHUNGSBERICHT DES LANDES NORDRHEIN-WESTFALEN

Nr. 3056 / Fachgruppe Mathematik/Informatik

Herausgegeben vom Minister für Wissenschaft und Forschung

Prof. Dr. -Ing. Rudolf Koller

Institut für Allgemeine Konstruktionstechnik des Maschinenbaues
der Rhein. -Westf. Techn. Hochschule Aachen

Rechnerunterstützte Konstruktion von Vorrichtungen

Westdeutscher Verlag 1981

CIP-Kurztitelaufnahme der Deutschen Bibliothek

Koller, Rudolf:
Rechnerunterstützte Konstruktion von Vorrichtungen / Rudolf Koller. - Opladen : Westdeutscher Verlag, 1981.

   (Forschungsberichte des Landes Nordrhein-
   Westfalen ; Nr. 3056 : Fachgruppe Mathe-
   matik, Informatik)
   ISBN-13: 978-3-531-03056-2   e-ISBN-13: 978-3-322-87681-2
   DOI: 10.1007/978-3-322-87681-2
NE: Nordrhein-Westfalen: Forschungsberichte
des Landes ...

ISBN-13: 978-3-531-03056-2

Inhalt

- 1 -

1. Ziel des Forschungsvorhabens

Vorrichtungen sind ein wichtiges Hilfsmittel bei der Groß-
und Kleinserienfertigung. Der Bedarf an Vorrichtungen hat in
der Vergangenheit ständig zugenommen. Da sich dieser Trend er-
wartungsgemäß auch in Zukunft fortsetzen wird, ist es aus
wirtschaftlichen Gründen sinnvoll, die Konstruktion von Vorrichtungen zu rationalisieren und mit Hilfe von Programm-
systemen für GDV-Anlagen (Grafische Daten-Verarbeitung) automatisiert durchzuführen, da die Vorrichtung selbst nicht standardisiert werden kann.
Ziel dieses Forschungsvorhabens war es deshalb, den Konstruktionsprozeß von Vorrichtungen zu analysieren und die Konstruk-
tionstätigkeiten im Algorithmen zu fassen, um auf dieser Grund-
lage ein Programmsystem zur automatisierten Konstruktion von
Bearbeitungsvorrichtungen, wie z.B. Bohr-, Fräs- und Schleif-
vorrichtungen zu entwickeln.
Bei der Konstruktion von Vorrichtungen kann man im wesentlichen zwischen zwei Konstruktionsarten unterscheiden und zwar
der sogenannten
      - Neukonstruktion und der
      - Baukastenkonstruktion.
Müssen, abgesehen von wenigen standardisierten oder genormten
Bauteilen, im wesentlichen alle Bauteile und Baugruppen einer
Vorrichtung für den jeweiligen Fall neu konstruiert werden,
so spricht man üblicherweise von einer "Neukonstruktion" von
Vorrichtungen.
Hat man hingegen einen Baukasten mit Vorrichtungsbausteinen
für die einzelnen Teilfunktionen einer Vorrichtung und sind
diese "nur" sinnvoll zu einem Gesamtsystem "Vorrichtung" zu-
sammenzubauen, so spricht man von einer "Baukastenkonstruktion"
von Vorrichtungen. Baukastenvorrichtungen sind in ihrer Anwendung sehr begrenzt, so daß man davon ausgehen kann, daß
auch in Zukunft "maßgeschneiderte Vorrichtungen", d.h. neu-
konstruierte Vorrichtungen in großer Menge benötigt werden.

Da demzufolge eine Standardisierung von Vorrichtungen - von
einem begrenzten Anwendungsbereich abgesehen - nicht möglich
ist, ist es wirtschaftlich sinnvoll, den Konstruktionsprozeß
für Vorrichtungen zu standardisieren bzw. zu automatisieren.

Die Standardisierung und Automatisierung der Neukonstruktion
von Vorrichtungen ist deshalb Ziel der vorliegenden Forschungs-
arbeit.
Damit möglichst viele - besonders auch kleine - Industriefirmen dieses System anwenden können, wurde das Programmkonzept
auf einer Kleinrechenanlage (32 k-Worte) mit einfacher Ein-
und Ausgabegeräte-Konfiguration realisiert.

2. Analyse der Vorrichtungskonstruktion

Eine Vorrichtung besteht aus verschiedenen Funktionselementen
und Baugruppen, die durch ein Gestell zum technischen System
"Vorrichtung" verbunden sind. Zur Rationalisierung und Automatisierung des Konstruktionsprozesses ist es zweckmäßig,
die einzelnen in Vorrichtungen vorkommenden Funktionen zu
kennen. Bemerkenswert ist hierbei, daß Vorrichtungen
- unabhängig davon, ob es sich um Bohr-, Fräs-, Schleif- o.a.
Vorrichtungen handelt - immer folgende Teilaufgaben bzw. Funktionen zu erfüllen haben:

- Positionieren
  Unter Positionieren sind alle Operationen zu verstehen, die
  ein Werkstück relativ zum Werkzeug oder zur Werkzeugma-
  schine räumlich festlegen.

- Spannen, Lösen
  Mit Spannen sei diejenige Tätigkeit bezeichnet, welche die
  räumliche Lage eines Werkstücks gegen Verschieben und Ver-
  drehen sichert. Lösen ist die zu Spannen inverse Tätigkeit.

- Stützen
  Unter Stützen sind alle Tätigkeiten zu verstehen, die dazu
  dienen, das Werkstück vor Deformation aufgrund von Bearbeitungskräften, Eigengewicht usw. und den darauf folgenden
  Bearbeitungsfehlern zu schützen.

- Führen
  Unter Führen sind alle Operationen zu verstehen, die ein
  Werkzeug oder Werkstück auf einer vorgeschriebenen Bahn be-
  wegen.

- Verbinden, Leiten
  Darunter versteht man alle Tätigkeiten, die zum Verbinden
  von Vorrichtungselementen sowie zur Aufnahme oder Weiter-
  leitung der aus den Spannen und aus der Bearbeitung resul-
  tierenden Kräfte dienen.

Die diese Funktionen realisierenden Elemente bzw. Funktionsträger lassen sich entsprechend bezeichnen als

- Positionierelemente
  (Anschläge, Auflagen, Aufnahmen, Zentrierbolzen, Anlage-
  leisten usw.)

- Spannelemente und -baugruppen
  (Spanneisen, hydraulische, pneumatische oder magnetische
  Spanner usw.)

- Stützelemente
  (einstellbare mechanische oder hydraulische Stützen usw.)

- Führungselemente
  (Bohrbuchsen, Kopierschablonen usw.)

- Verbindungs- bzw. Leitungselemente
  (Grundplatten, Gestell, Winkel usw.)

Entsprechend diesen im wesentlichen vorkommenden fünf Funktionsträgern oder -gruppen gliedert sich der umfassende Vor-
richtungs-Konstruktionsprozeß zum einen in die fünf Einzelpro-
zesse der genannten Elemente- bzw. Baugruppen sowie in einen
Prozeßteil, der dem Anordnen und Verbinden der Funktionsträger
im Gestell dient. Im übrigen ist der Konstruktionsprozeß- unabhängig vom betreffenden Element - noch entsprechend den Entwurfsstadien einer Vorrichtung in elementare, logisch aufein-
anderfolgende Arbeitsschritte zu gliedern, wie im folgenden
näher erläutert wird.

Die Konstruktion einer Vorrichtung beginnt notwendigerweise
mit der Information über die Geometrie des in der Vorrichtung
zu bearbeitenden Werkstücks sowie der Art und dem Umfang der
Bearbeitung. Im Fall der konventionellen Vorrichtungskonstruktion auf dem Reißbrett zeichnet der Konstrukteur das Werkstück mit den wesentlichen geoemetrischen Daten und konstruiert dann die Vorrichtung "um das Werkstück herum".

Unter Berücksichtigung des Orts und der Art der Werkstückbe-
arbeitung legt der Konstrukteur die erforderlichen Positionierebenen fest, indem er die Anzahl und die Lage der Positio-
nierstellen am Werkstück angibt. Ferner werden im Bedarfsfall
die Stützstellen sowie die Lage von Bearbeitungsstellen ge-
kennzeichnet, damit dort später Funktionsträger wie Bohrbuchsen und Schablonen angeordnet werden können. Diese Einzel-
tätigkeiten seien zusammenfassend mit "Wirkstellen festlegen"
bezeichnet (Bild 1). In weiteren Arbeitsschritten sind noch
die Richtungen (Wirkrichtungen) anzugeben, unter denen die
betreffenden Funktionsträger auf das Werkstück wirken sollen,
und die Art der Wirkfläche (Ebene, Prisma, Kegel usw.) oder
das geeignete Funktionselement bzw. die passende Baugruppe
(normierte Positionierbolzen, hydraulische Spannelemente usw.)
zu bestimmen. Auf Bild 1 sind die verschiedenen Arbeitsschritte und Folgen zusammengefaßt und übersichtlich darge-
stellt.
Darauf werden die einzelnen Funktionsträger aufgrund der Art
und Größe ihrer Wirkfläche entweder neu konstruiert und räumlich angeordnet oder - falls standardisierte oder genormte
Funktionsträger verwendbar sind - aus einem Katalog (Datei)
für standardisierte bzw. genormte Bauelemente und Baugruppen
ausgewählt und ebenfalls lagerichtig zum Werkstück angeordnet
gezeichnet.
Sämtliche Funktionsträger werden dann in einem weiteren Ar-
beitsschritt über die Konstruktion des Vorrichtungskörpers
(Gestell oder Grundplatte) miteinander verbunden. Der Vorrichtungskörper ist im einfachsten Fall eine rechteckige
Platte; in komplizierteren Fällen wird er aus geometrisch ein-
fachen Körpern wie Quadern, Zylindern, Kegeln oder keilförmi-
gen Körpern zusammengesetzt. Diese Einzelkörper werden entweder zu einem Vorrichtungskörper verschraubt und verstiftet
oder verschweißt. Manchmal ist es auch üblich, Vorrichtungskörper als Gußkonstruktionen auszuführen. (Die Entstehung des
Vorrichtungs-Gußkörpers kann man sich ebenso aus den "Elemen-
tarkörpern" vorstellen; bei Gußkonstruktionen entfällt ledig-
lich das Verbinden der einzelnen Teilkörper zum Gesamtkörper.)

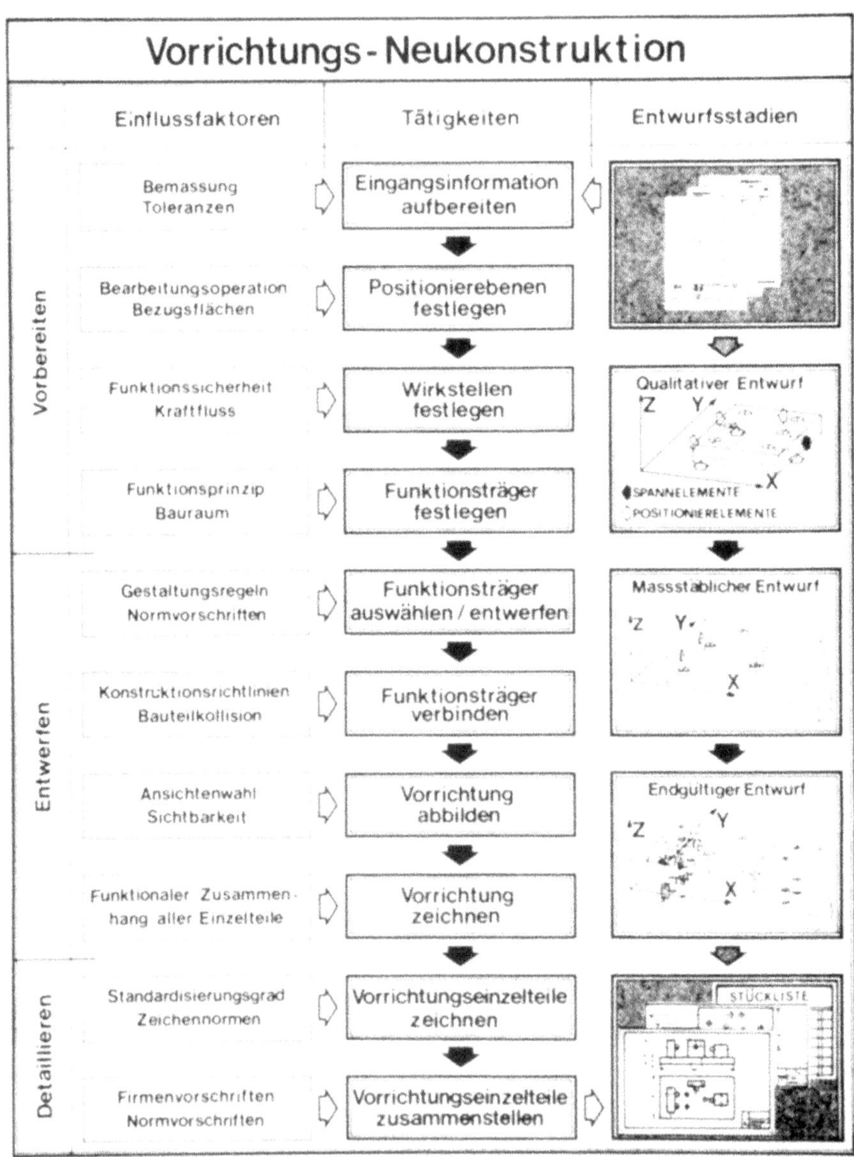

Bild 1: Tätigkeitsfolge bei der Vorrichtungskonstruktion

Auf Bild 1 ist die Tätigkeit des Verbindens der einzelnen
Funktionsträger und Baugruppen mit dem Vorrichtungskörper
unter dem Begriff "Funktionsträger verbinden" zusammengefaßt.

Der manuelle und der automatische Konstruktionsprozeß sind
grundsätzlich gleich und laufen in derselben Reihenfolge ab.
Im Fall der rechnerunterstützten Konstruktion folgen dem Ar-
beitsschritt "Funktionsträger verbinden" noch die Schritte
"Vorrichtung abbilden" und "Vorrichtung zeichnen" formal als
gesonderte Schritte, da sie nicht wie bei der manuellen Konstruktion mehr oder weniger parallel mit den vorangegangenen
Tätigkeiten ablaufen.

3. Konstruktion und Standardisierung von Funktionsträgern

Um die bisher für den Rechnereinsatz notwendige Standardisierung von Vorrichtungselementen durchführen zu können, ist es notwendig, ihren prinzipiellen Aufbau, d.h. die Elementarfunktionsstruktur zu analysieren.

Passive Funktionsträger (Positionier-, Stütz- und Führungselemente) setzen sich prinzipiell aus den in Bild 2 gezeigten Elementarfunktionsträgern Wirkfläche, Körper und Verbindung zusammen.

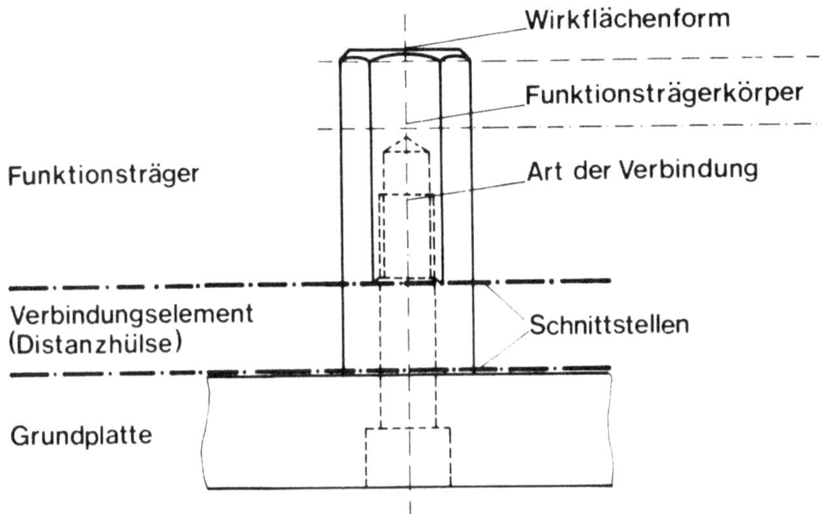

Bild 2: Prinzipieller Aufbau eines passiven Funktionsträgers

Die Wirkfläche, genauer der Wirkflächenkörper, bildet mit der Oberfläche des Werkstückes eine Wirkflächenpaarung und realisiert die Elementarfunktion Kraft "Leiten" und Stoff (in diesem Fall das Werkstück) "Führen".

Der (Funktionsträger)-Körper stellt den konstruktiven Zusammenhang zwischen allen Elementarfunktionsträgern her und
erfüllt so die Elementarfunktion Kraft "Leiten".

Durch die Verbindung, die häufig in den Funktionsträgerkörper
integriert ist, wird ein konstruktiver Zusammenhang zwischen
Funktionsträgern und Vorrichtungskörper (z.B. Grundplatte)
hergestellt. Bei Spann- bzw. Stützbaugruppen kommt zu den
bisher genannten noch der Elementarfunktionsträger Antrieb
hinzu (Bild 3).

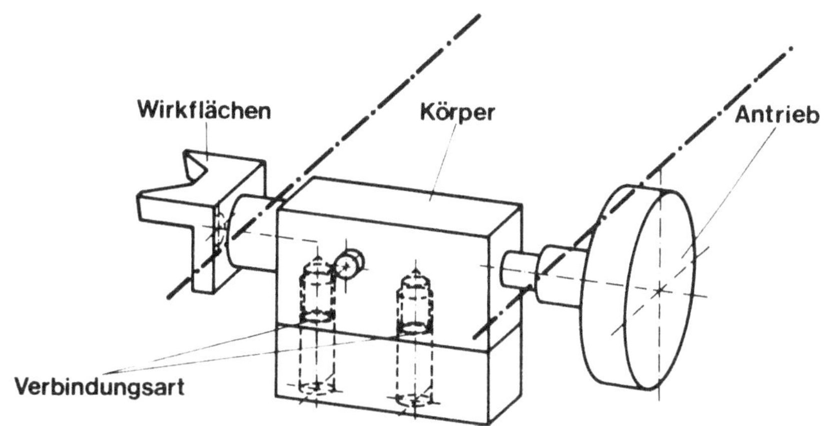

Bild 3: Prinzipieller Aufbau eines aktiven Funktionsträgers

Der Antrieb realisiert im allgemeinen die Elementarfunktion
"Wandeln" (z.B. Wandeln von rotatorischer in translatorische
Bewegung, von Kraft in Weg, von Druck in Kraft u.a.).

Die Analyse des Aufbaus der Funktionsträger führte also zu
dem Ergebnis, daß in allen bekannten Vorrichtungselementen
der Elementarfunktionsträger
    - Wirkfläche (Wirkflächenkörper)
    - Körper
    - Verbindung
Verwendung finden.

Damit sich aufgrund dieses Sachverhaltes die Vielfalt der
Gestaltmöglichkeiten sinnvoll reduziert, ist es zweckmäßig,
für die genannten Elementarfunktionen von Vorrichtungselementen "Standard-Teilkörper" zu definieren und einzuführen.

Die Standardisierung bezieht sich selbstverständlich nur auf
die Form bzw. Struktur des Teilkörpers, die Abmessungen können
später im Rechner beliebig variiert werden.

Dazu sei noch angemerkt, daß man zur Konstruktion der Positio-
nier-, Spann-, Stütz- und Verbindungselemente grundsätzlich
dieselben Teilkörperstrukturen anwenden kann, d.h. daß man
programmtechnisch mit einem für alle Funktionsträger gemein-
samen Teilkörperformen-Menü operieren kann (s. dazu Kap. 4).

Die entwickelten Gestaltvarianten der Elementarfunktionsträger lassen sich übersichtlich zu einem Variantenkatalog in
Form eines morphologischen Kastens einordnen (Bild 4).

Standard-Körper u. -Flächen für Vorrichtungselemente

				eben		
	punktförmig	ballig	schneidenförmig	kreisförmig	rechteckig	prismatisch
Wirkflächen-varianten						
	zylindrisch	quadratisch	rechteckig	6-eckig	L-förmig	U-förmig
Funktions-trägerkörper-varianten						
	Schrauben	Pressen	Nieten	Schweissen	Löten	Kleben
Verbindungs-varianten						
	Befestigungsgewinde				Gewinde- und Passstifte	
Zahl bzw. Anordnungs-varianten						

Bild 4: Auszug aus Variantenkatalog

Durch die Verknüpfung von Gestaltvarianten resultiert ein Lösungsspektrum, aus dem man unter Berücksichtigung der Aufgabenstellung, der Schnittstellenbedingungen und Restriktionen die jeweils optimale Lösung bestimmen kann.

Diese systematische Vorgehensweise in der Vorrichtungskonstruktion liefert für alle Vorrichtungsfunktionen ein breites Lösungsspektrum, aus dem die Bestlösungen zu Standards oder Standardreihen weiterentwickelt werden sollten.

Die Standardisierung von Vorrichtungsfunktionsträgern kann in zwei Stufen erfolgen. In der ersten Stufe wird die geometrische Struktur eines Funktionsträgers festgelegt, die charakteristischen Kenngrößen können jedoch vom Konstrukteur unter Beachtung von fertigungstechnischen und wirtschaftlichen Restriktionen frei gewählt werden (Bild 5). In der zweiten Stufe werden neben der geometrischen Struktur auch die Kenngrößen eines Funktionsträgers in Abstufungen festgelegt.

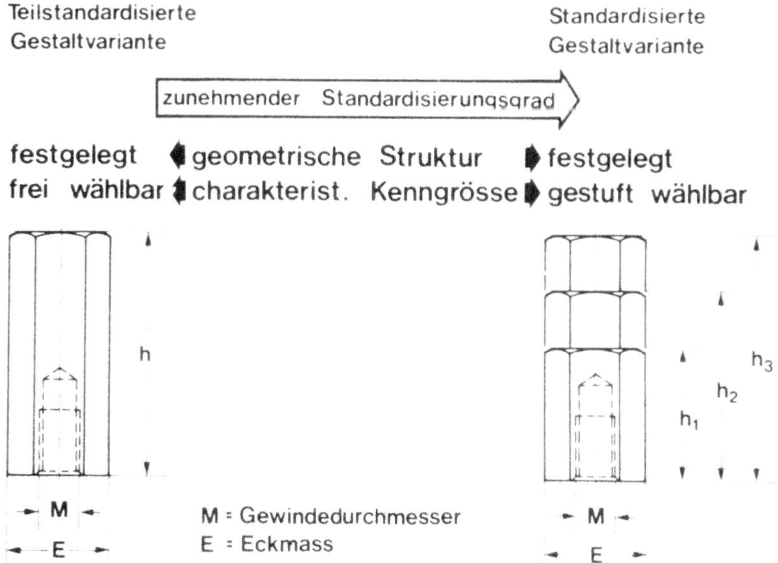

Bild 5: Standardisierungsgrad eines Funktionsträgers

Bei komplexeren Funktionsträgern kann die Vergrößerung des Standardisierungsgrades in feineren Schritten erfolgen. Beispielsweise können bei einem mechanischen Spannelement bereits die einzelnen Elementarfunktionsträger standardisiert sein. Diese Elementarfunktionsträger können dann als elementare Standards, wie t.B. ein Wirkflächenelement, auch bei anderen Funktionsträgern verwendet werden. In diesem Fall müssen alle eigenständigen Elementarfunktionsträger zusätzlich untereinander verbunden werden (vgl. Bild 6).

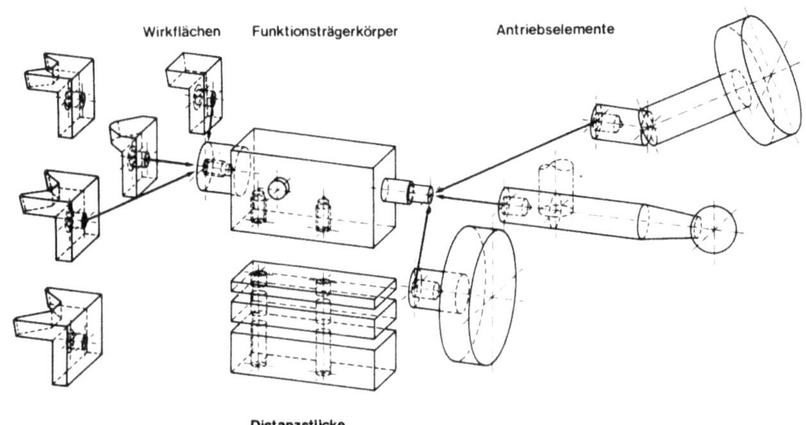

Bild 6: Gestaltvarianten von Elementarfunktionsträgern für standardisierte Spannelemente

In dem Maße wie der Standardisierungsgrad eines Funktionsträgers zunimmt, müssen zur Absicherung eines möglichst häufigen Einsatzes der Standards Konstruktionsvorschriften und -richtlinien für die Anpassung der charakteristischen Kenngrößen an nicht direkt erfüllbare Aufgabenstellungen entwickelt werden. Bei Positionierelementen beispielsweise sind vorwiegend Maßnahmen für einen Distanzausgleich oder für eine Höhenanpassung immer dann zu treffen, wenn sich die standardisierte Höhe eines Funktionsträgers und die geforderte Einbauhöhe in der Vorrichtung unterscheiden.

Für einen praktischen Einsatz müssen nun die für eine Höhenanpassung erforderlichen Kenngrößen, Grenzwerte, Wertebereiche
und Abstufungen definiert werden. Aus diesen Aufgaben resul-
tieren konkrete geometrische Restriktionen in Form von Einbau-
bedingungen des standardisierten Funktionsträgers (Bild 7).

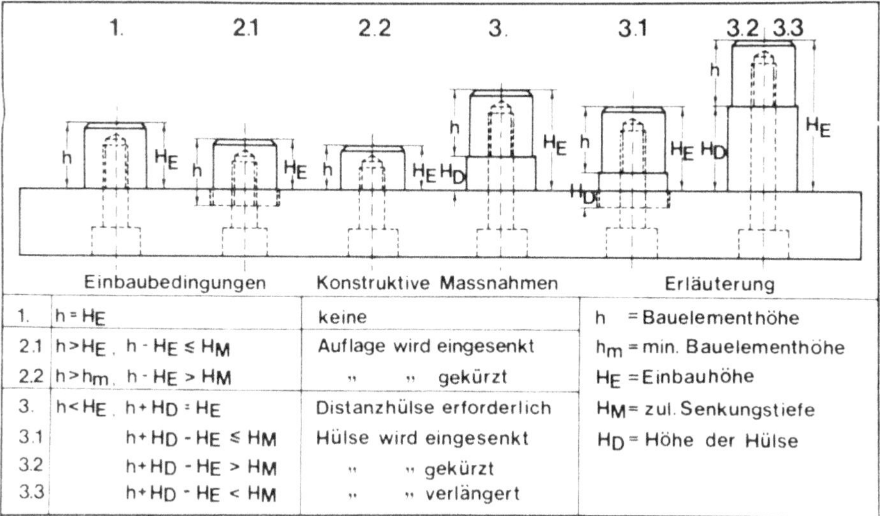

	Einbaubedingungen	Konstruktive Massnahmen	Erläuterung
1.	$h = H_E$	keine	h = Bauelementhöhe
2.1	$h > H_E$, $h - H_E \leq H_M$	Auflage wird eingesenkt	h_m = min. Bauelementhöhe
2.2	$h > h_m$, $h - H_E > H_M$	„ „ gekürzt	H_E = Einbauhöhe
3.	$h < H_E$, $h + H_D = H_E$	Distanzhülse erforderlich	H_M = zul. Senkungstiefe
3.1	$h + H_D - H_E \leq H_M$	Hülse wird eingesenkt	H_D = Höhe der Hülse
3.2	$h + H_D - H_E > H_M$	„ „ gekürzt	
3.3	$h + H_D - H_E < H_M$	„ „ verlängert	

Bild 7: Spezielle Konstruktionsregeln für standardisierte
Positionierelemente

In solchen Fällen, in denen mit Standards eine Aufgabenstellung nicht erfüllt werden kann, muß der Konstrukteur zu
einer Funktionsträgerkombination mit niedrigerem Standardisierungsgrad übergehen (Bild 7, 2.2 oder 3.2 und 3.3).

Ohne Berücksichtigung von wirtschaftlichen Überlegungen sind
die absoluten Einsatzgrenzen dieser Funktionsträgerkombination (Bild 7) von den verfügbaren Schraubenlängen, der kür-
zesten noch tragfähigen Gewindetiefe in dem Positionierele-
ment und der maximal zulässigen Senkungstiefe in der Grundplatte abhängig.

4. Programmsystem VOKON zur automatisierten Vorrichtungs-
konstruktion

4.1 Geräte (hardware)-Konzept

Das Programmsystem VOKON ist für eine Rechenanlage mit einfacher Ein- und Ausgabegerätekonfiguration konzipiert. Da
diejenigen Tätigkeitskomplexe des Vorrichtungskonstruktions-
prozesses, die dem Rechner übertragen werden sollen voll algo-
rithmisiert und damit voll automatisiert ablaufen, kann auf
einen Dialog während des Konstruktionsprozesses zwischen Konstrukteur und Rechenanlage, so wie er beispielsweise mit einem
Lichtstift und aktivem Bildschirm erreichbar ist, verzichtet
werden.

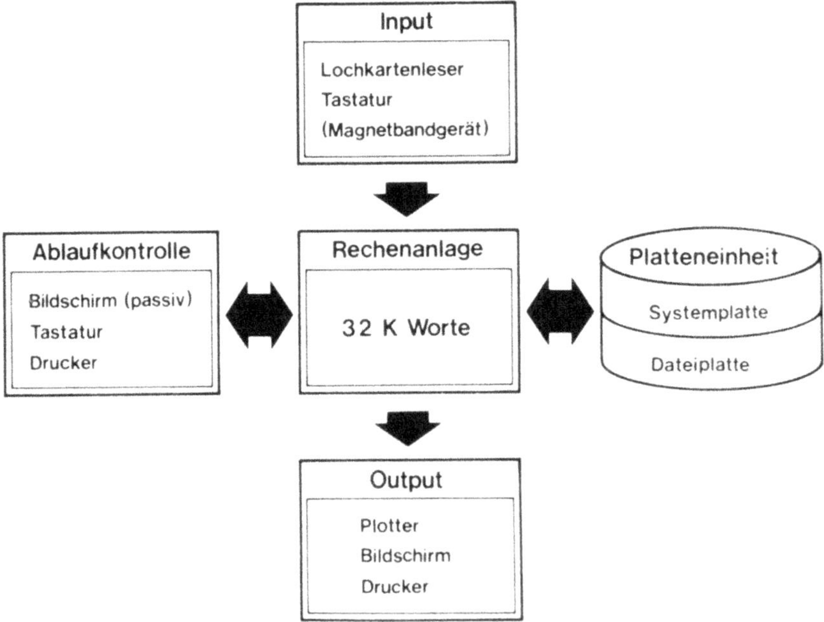

Bild 8: Geräte-(hardware-) Konzept

Durch eine zusätzliche Beschränkung in der Kernspeicherkapazi-
tät auf maximal 32K-Worte wird eine breite Anwendung, insbe-
sondere auch durch kleinere Industriefirmen, ermöglicht.
Bild 8 zeigt die für das Programmsystem VOKON erforderliche
Anlagenkonfiguration in Minimalausstattung.

Die Daten werden für einen Programmlauf in vorgeschriebenen
Formaten über Lochkarten und Lochkartenleser eingegeben. Die
Konstruktionsergebnisse, Zeichnungen, Listen und Tabellen
werden auf dem Plotter gezeichnet und/oder auf dem Drucker
aufgelistet.

Die Bedienung des Programmsystems und die Ablaufkontrolle erfolgen über einen passiven Bildschirm und einen Bedienungs-
blattschreiber (Keyboard) mit Tastatur und Drucker. Neben der
Systemplatte (Wechselplatte mit einer Speicherkapazität von
ca. 1 bis 2 Mio Worten), von der das Programmsystem geladen
wird, ist zusätzlich eine Dateiplatte für Normdateien,
Zwischenspeicherfiles und reaktivierbare Datenfiles von bereits durchgeführten Konstruktionsläufen erforderlich.

4.2 Funktionsträgerbeschreibungs- und -generierungssystem

Rechenanlagen können in der rechnerunterstützten Konstruktion
nur dann erfolgreich eingesetzt werden, wenn ein anwenderfreundlicher Daten- und Informationsaustausch zwischen Konstrukteur und Rechner ermöglicht wird, d.h. die Dateneingabe
sollte ohne umfangreiche Spezialkenntnisse durchführbar sein,
die Datenausgabe sollte in der für den Konstrukteur gewohnten
Form (Zeichnungen, Tabellen, Listen) erfolgen. Dies bedeutet
für den Bereich der Vorrichtungskonstruktion, daß der Rechner
in Abhängigkeit der geometrischen und qualitativen Wirkstellenbeschreibung des Konstrukteurs Funktionsträger entwerfen,
gestalten, dimensionieren, anordnen, abbilden und zeichnen
können muß. In diesem Zusammenhang müssen Dienstleistungspro-
gramme zur Verfügung gestellt werden, um rechnerintern Funktionsträger beschreiben, generieren, speichern und in Verbindung mit Konstruktionsalgorithmen entwerfen zu können. Ein
Hilfsmittel für diese Teilaufgaben ist ein allgemeines Funk-
tionsträgerbeschreibungs- und -generierungssystem.

Dreidimensionale Funktionsträger sind dann beschreibbar, wenn
sie geometrisch abstrahiert und in ein räumliches Modell übertragen werden. Elemente dieses Modells sind Grundkörper, so-
genannte parametric macros, wie z.B. Kegel, Kegelstumpf, Zylinder, Quader o.a. Diese Grundkörper sind durch ihre geometrische Struktur und die dazugehörigen variablen Parameter
definiert (Bild 9).

Der Begriff geometrische Struktur der Grundkörper umfaßt hier:
- Festlegung der Lage der Koordinatenachse des Grundkörper-
  systems (X_G, Y_G, Z_G)
- Definition der variablen Parameter (z.B. Länge in X_G-,
  Breite in Y_G- und Höhe in Z_G-Richtung).
- Verknüpfung der elementaren Geometrie (Strecken, Kreise u.a.)
- Zuordnung der Stricharten (durchgezogen, gestrichelt,
  strichpunktiert u.a.)

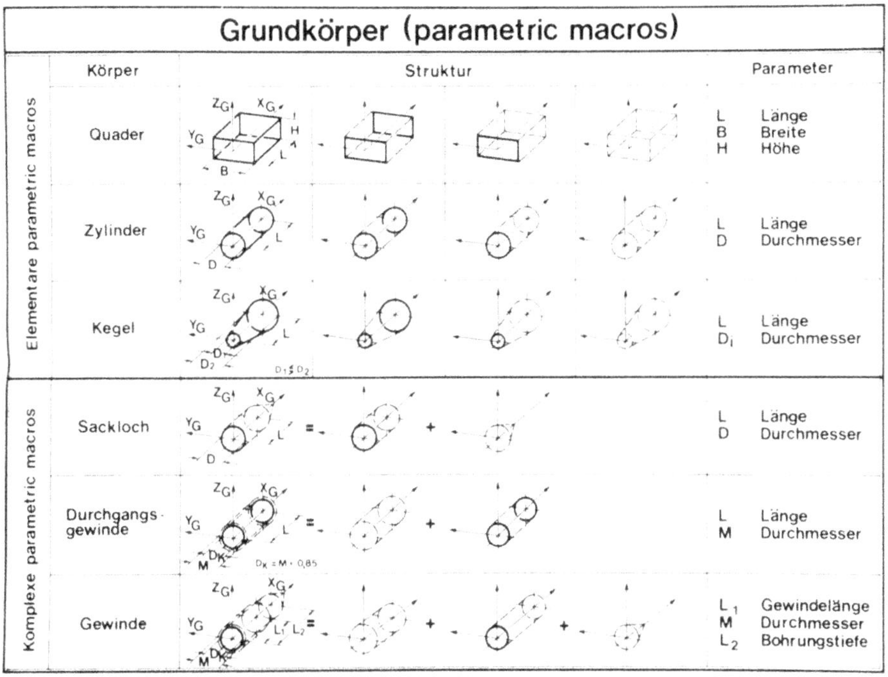

	Körper	Struktur		Parameter	
	Grundkörper (parametric macros)				
Elementare parametric macros	Quader			L B H	Länge Breite Höhe
	Zylinder			L D	Länge Durchmesser
	Kegel			L D_i	Länge Durchmesser
Komplexe parametric macros	Sackloch			L D	Länge Durchmesser
	Durchgangs-gewinde			L M	Länge Durchmesser
	Gewinde			L_1 M L_2	Gewindelänge Durchmesser Bohrungstiefe

Bild 9: Geometrische Elemente des Körpermodells
(parametric macros)

Die variablen Parameter der Grundkörper sind Längen, Breiten,
Höhen, Durchmesser, Gewindelängen o.a. Alle Grundkörper haben
ein gemeinsames Merkmal, sie sind durch maximal drei Parameter festgelegt.

Für ein Funktionsträgerbeschreibungssystem wird der Aufbau
des parametric macro auf die nöchst höhere Komplexitätsebene,
auf die Ebene der Funktionsträger, übertragen (Bild 10).

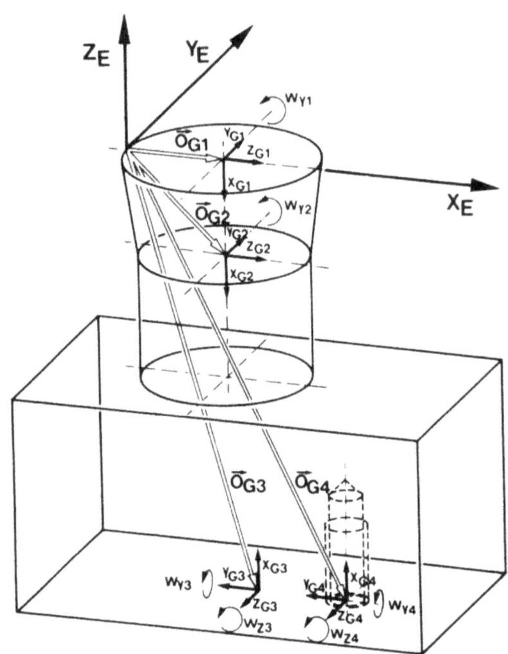

X_E, Y_E, Z_E	Bauelement - Koordinatensystem
X_{Gi}, Y_{Gi}, Z_{Gi}	Grundkörper-Koordinatensysteme
$\vec{O}_{Gi}$	Verschiebe-Vektoren
W_{Xi}, W_{Yi}, W_{Zi}	Verdreh-Winkel

Bild 10: Geometrische Struktur eines Positionierelementes

Auf dieser Ebene bedeutet geometrische Struktur des Funktionsträgers:

- Festlegung der Lage der Koordinatenachsen des Positionier-, Spann-, Stützelementsystems (X_E, Y_E, Z_E)

- Definition der charakteristischen Kenngröße(n)
  (für Zugriff auf Parameterdatei)

- Verknüpfung der geometrischen Grundkörper (Zylinder,
  Quader etc.)

- Zuordnung der Sichtbarkeitsverhältnisse (Zylinder, Bohrung
  etc.)

In jedem Funktionsträger wird das Koordinatensystem so festgelegt, daß der Ursprung des Systems mit der Wirkstelle iden-
tisch ist und die Element-X-Achse mit der Wirkrichtung der
Kraftübertragung vom Werkstück auf den Funktionsträger zu-
sammenfällt.

Die variablen Parameter der Funktionsträger ergeben sich aus
den Verdrehwinkeln und aus den Komponenten der Verschiebe-
vektoren (Element-Grundkörpersystem).

Die Komponenten der Verschiebevektoren lassen sich aus den
Relationen und Parametern der Grundkörper berechnen. Das Körpermodell des Funktionsträgers entsteht durch Verknüpfung der
geometrischen Struktur, die mit einer Programmroutine akti-
viert werden kann, mit den variablen Parametern aus der Datei (Bild 11).

Mit diesem System lassen sich nichtstandardisierte Funktionsträger konstruieren, Abmessungsvarianten von Funktionsträgern
in Standard- und Normreihen und Gestalt- und Strukturvarian-
ten von Baugruppen mit alternativen Wirkflächen- und An-
triebselementen beschreiben und generieren.

Bild 12 zeigt die geometrische Struktur einer Baugruppe. Für
dieses Spannelement stehen Form- und Abmessungsvarianten der
Wirkflächenelemente und Distanzstücke und Gestaltvarianten
der Antriebselemente zur Verfügung. Auch diese Baugruppe wird
analog zu dem in Bild 11 gezeigten Ablauf strukturiert, trans-
formiert, abgebildet und mit Hilfe von Zeichenprogrammen dar-
gestellt (Bild 13).

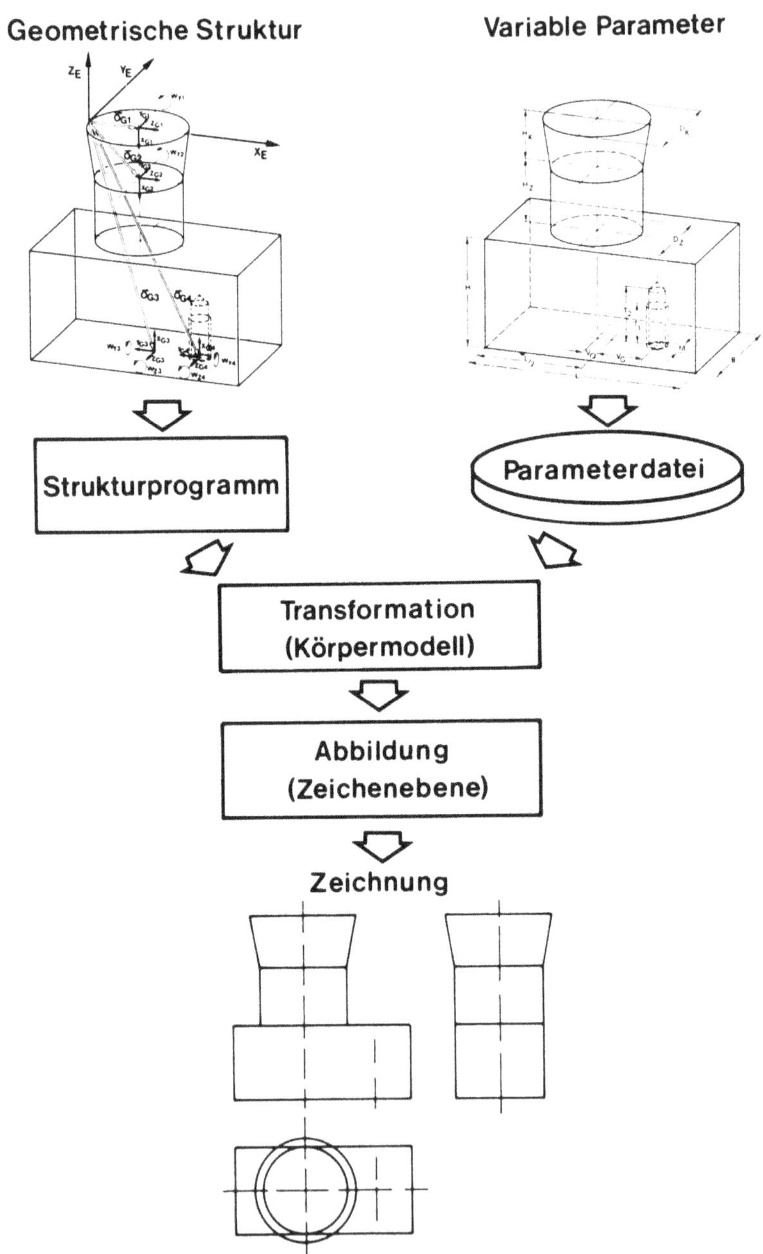

Bild 11: Generierung eines Positionierelementes

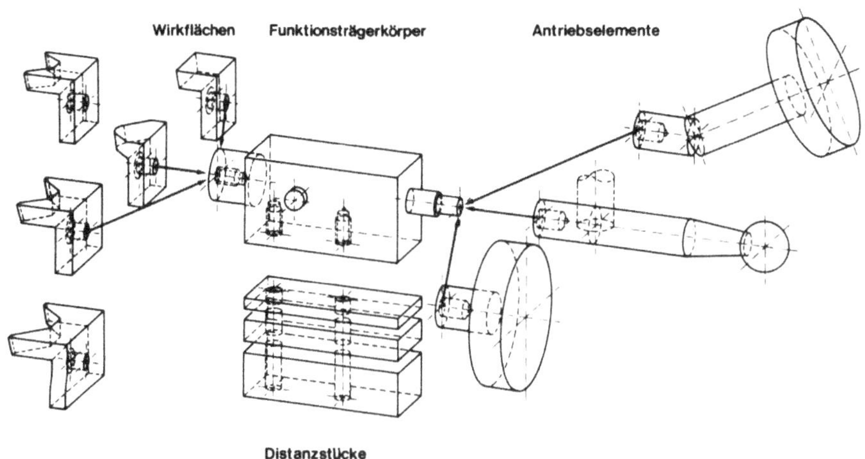

Bild 12: Geometrische Struktur eines Spannelementes

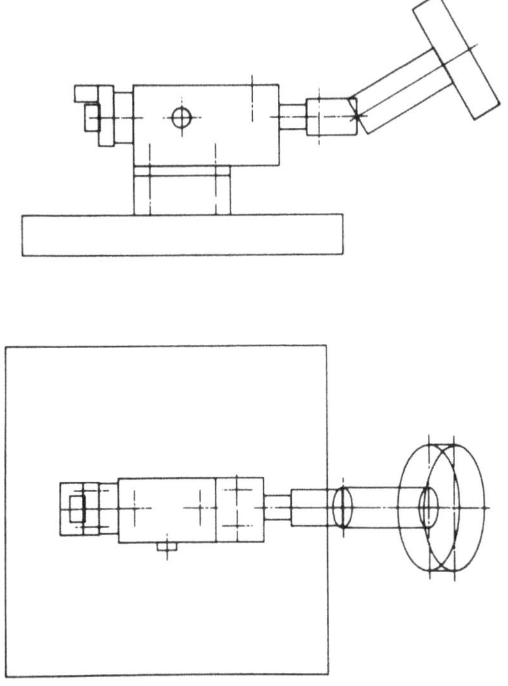

Bild 13: Abbildung eines Spannelementes

Die geometrische Struktur der Vorrichtung läßt sich aus der
Funktionsträgerstruktur in gleicher Vorgehensweise weiterent-
wickeln. Dabei ist das den Funktionsträgerkoordinatensystemen
übergeordnete System das Bezugskoordinatensystem der Vorrichtung X, Y, Z (Bild 14).

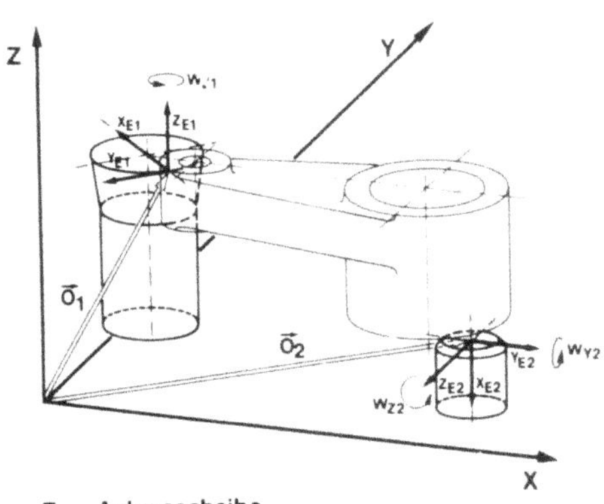

E₁ Anlagescheibe
E₂ Auflagebolzen

X, Y, Z   Bezugs-Koordinatensystem
X_{Ei}, Y_{Ei}, Z_{Ei} Bauelement-Koordinatensysteme
$\vec{O}_i$ Verschiebe-Vektoren
W_{Xi}, W_{Yi}, W_{Zi} Verdreh-Winkel

Bild 14: Anordnung von Funktionsträgern in der Vorrichtung

In diesem System erfolgt die räumliche Anordnung des Funktionsträgers unter Angabe der maximal drei Verdrehwinkel jedes Funktionsträgersystems gegenüber dem Bezugssystem und
unter Komponentenzerlegung der Verschiebevektoren vom Ursprung
des Bezugssystems zu jeder Wirkstelle eines Funktionsträgers
(Bild 14).

Das Körpermodell der Vorrichtung entsteht durch Transformation aller Funktionsträger in das Bezugssystem, d.h. durch
zweimalige Transformation der Grundkörper aller Funktionsträger in Abhängigkeit der Funktionsträgerstrukturen und der
geometrischen Wirkstellenbeschreibung.

4.3 Programm (software)-Konzept

Das Programmsystem VOKON folgt im wesentlichen den in Bild 1
beschriebenen Entwurfsstadien der Vorrichtungskonstruktion.
Ausgehend von den technologischen, betriebsorganisatorischen
und geometrischen Daten des zu bearbeitenden Werkstückes legt
der Konstrukteur die Wirkstellen der Vorrichtung hinsichtlich
Lage und Wirkrichtung manuell fest. Zu diesem Zweck wird das
Werkstück quasi in das Bezugskoordinatensystem der Vorrichtung gebracht. Dieses Koordinatensystem ist während des ge-
samten Ablaufes Bezugssystem für alle mathematischen und geometrischen Operationen.

Im nächsten Schritt werden allen Wirkstellen Vorrichtungsfunktionsträger unterschiedlichen Standardisierungsgrades zu-
geordnet. Die Funktionsträger werden qualitativ unter Angabe
einer Typennummer und - soweit möglich oder erforderlich -
quantitativ unter Angabe der charakteristischen Kenngröße mit
Hilfe von Benutzerhandbüchern, Arbeitsblättern und Funktions-
trägerkatalogen festgelegt.

Nach der Wirkstellenbeschreibung werden alle Daten in ein
Formblatt eingetragen und auf Lochkarten übertragen. Mit diesen Tätigkeiten sind die Vorbereitungen für einen Programmlauf abgeschlossen (Bild 15).

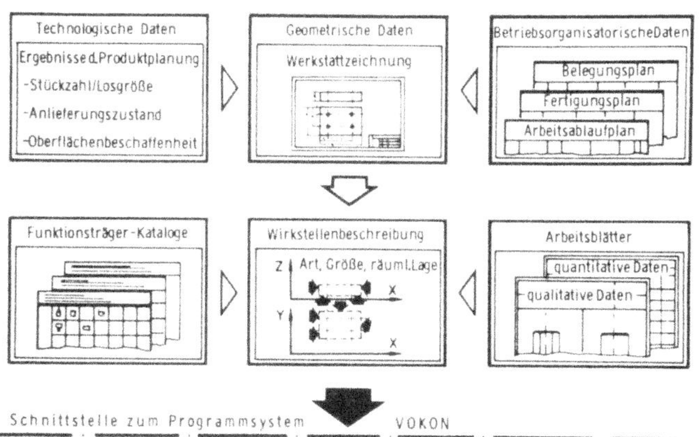

Bild 15: Dateneingabe (VOKON)

Zu Beginn eines Programmlaufes werden rechnerintern die Eingabedaten formal und - soweit möglich - inhaltlich überprüft. Der Rechner fertigt danach ohne weiteren Eingriff den maßstäblichen Entwurf der Vorrichtung an (Bild 16).

Mit Hilfe der Programmbausteine zur geometrischen Funktionsträgerbeschreibung und -gestaltung werden die geforderten Vorrichtungsfunktionsträger in Abhängigkeit der Wirkstellenbeschreibung und der speziellen Konstruktionsalgorithmen generiert und räumlich um das Werkstück, welches rechnerintern auf die Wirkstellen reduziert abgespeichert ist, angeordnet.

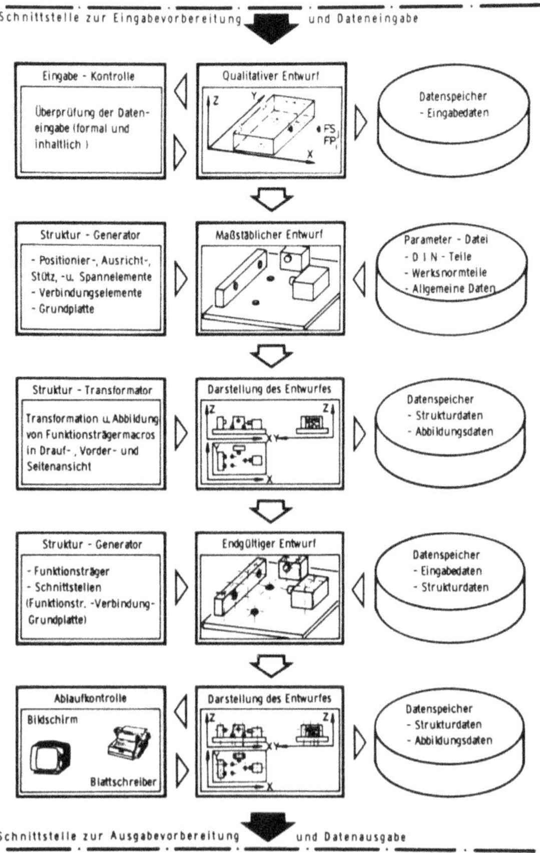

Bild 16: Tätigkeiten und Stationen des Programmsystems VOKON

Die Funktionsträger werden entweder direkt oder mit zunächst
grob strukturierten Distanzstücken, Zwischenscheiben und Sei-
tenteilen mit der Grundplatte verbunden, um die Ausdehnung
der Funktionsträger und damit die Fläche und in deren Abhängigkeit die Dicke der Grundplatte bestimmen zu können. Alle
Bauelemente der Vorrichtung werden in ein 3D-Modell trans-
formiert, welches dann in den drei Ansichten, der Drauf-,
Vorder- und Seitenansicht, abgebildet und auf dem Bildschirm
gezeichnet werden kann.

Durch Ausschnitts- und Maßstabsänderungen kann der Konstrukteur den maßstäblichen Entwurf auf dem Bildschirm begutachten.
Hierdurch kann beispielsweise die Wirkstellenbeschreibung
überprüft und eine visuelle Kollisionskontrolle vorgenommen
werden. Akzeptiert der Konstrukteur dieses Entwurfsstadium -
andernfalls würde der Programmlauf unterbrochen und der Datensatz entsprechend geändert - erstellt der Rechner automatisch
in einem zweiten Durchlauf den endgültigen Entwurf der Vorrichtung.

In diesem Lauf werden alle Funktionsträger, die Schnittstel-
len und Verbindungselemente endgültig gestaltet und dimensioniert. Der Entwurf wird analog zum ersten Lauf auf dem Bildschirm ausgegeben (Bild 16). In diesem Stadium ist die Gestal-
tungs- und Entwurfsphase abgeschlossen.

In Form eines Steuerdialoges über Tastatur und Bildschirm hat
der Konstrukteur nun die Möglichkeit, formal die Erstellung
der Konstruktionsunterlagen zu beeinflussen, ohne dabei das
Konstruktionsergebnis zu verändern (Bild 17).

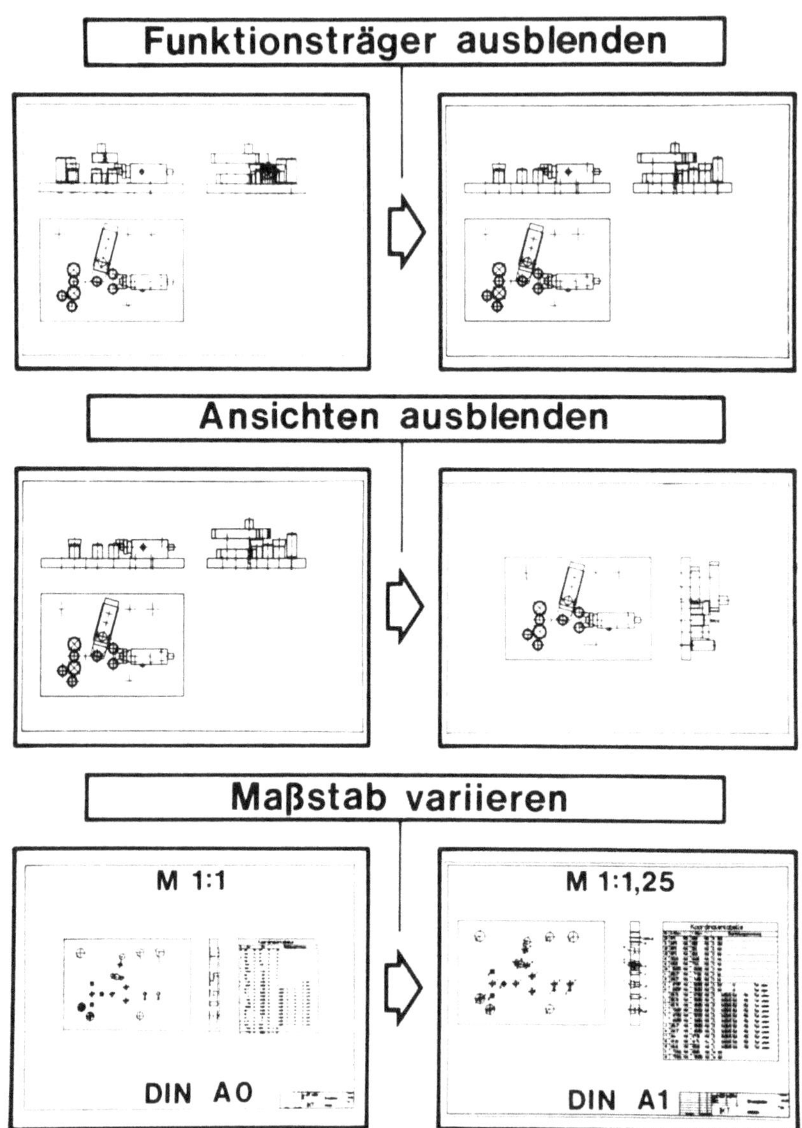

Bild 17: Formale Änderungsmöglichkeiten der Konstruktionsunterlagen durch den Konstrukteur

Es können Funktionsträger aus der Vorder- und/oder Seitenansicht manuell ausgeblendet werden, um den funktionalen Zusammenhang einer Funktionsträgerkette in einer Ansicht deutlicher hervorheben zu können (Bild 17). Ferner können Ansichten, die keine zusätzliche Information liefern, komplett ausgeblendet werden (Bild 17). Der Konstrukteur hat außerdem die Möglichkeit, durch eine Maßstabsänderung des Zeichnungsinhaltes indirekt die DIN-Blattgröße zu beeinflussen, um damit eine bessere Ausnutzung des Zeichenblattes zu erreichen (Bild 17).
Daran anschließend organisiert der Rechner die Fertigstellung und Ausgabe der Konstruktionsergebnisse (Bild 18).

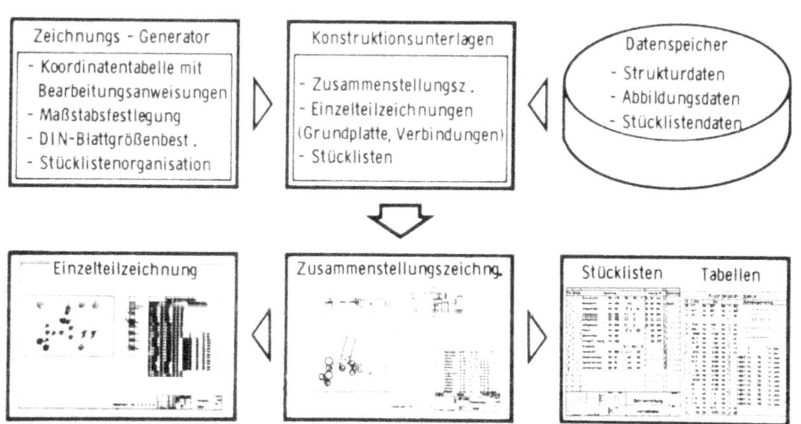

Bild 18: Datenausgabe (VOKON)

Die Ergebnisse eines Konstruktionslaufes bestehen aus:

- Zusammenstellungszeichnung der Vorrichtungen
- Einzelteilzeichnung der Grundplatte und der teil- und nichtstandardisierten Funktionsträger
- Koordinatentabelle mit Bearbeitungsanweisungen für das Bohrbild der Grundplatte
- Stücklisten aller Einzelteile und Funktionsträger

Abschließend soll die Vorstellung des Programmsystems VOKON
anhand von Konstruktionsbeispielen aus der Praxis ergänzt
werden. Der Hebel in Bild 19 soll an den vier gekennzeichne-
ten Stellen in einer Aufspannung auf einer NC-Maschine ge-
bohrt bzw. aufgebohrt werden. Für diesen Bearbeitungslauf soll
eine Bohrvorrichtung konstruiert werden.

Die Vorbereitung der Dateneingabe wird in folgenden Schritten
durchgeführt:

- Bezugskoordinatensystem festlegen
- Positionierebenen festlegen
- Wirkstellen festlegen
- Funktionsträger festlegen

Die Lage des Bezugskoordinatensystems in der Werkstückzeich-
nung kann grundsätzlich willkürlich gewählt werden. Es ist
jedoch zweckmäßig, den Ursprung des Bezugskoordinatensystems
in Abhängigkeit zu einer bemaßten Bearbeitungsstelle (Bohrung)
in ganzzahligen Koordinaten (Bild 19, X_B, Y_B, Z_B) zu verschieben. Durch diese Maßnahme können alle Wirkstellen absolut,
d.h. unabhängig von der Zeichengenauigkeit der Werkstückkontur, geometrisch beschrieben werden. Beispielsweise kann die
Wirkstelle eines Positionierelementes aus dem Zentrum der Bohrung eines Hebelauges durch Angabe des Außendurchmessers rechnerintern an die Außenkontur des Werkstückes verschoben werden.
Durch derartige Eingabemöglichkeiten werden die Datenerfas-
sungen anwenderfreundlicher, die Vorbereitungszeiten verkürzt
und Fehler bei der Wirkstellenbeschreibung vermieden.

Nachdem die Positionierebenen festgelegt worden sind, werden
die Wirkstellen beschrieben und die Funktionsträgerdaten
qualitativ und quantitativ erfaßt.

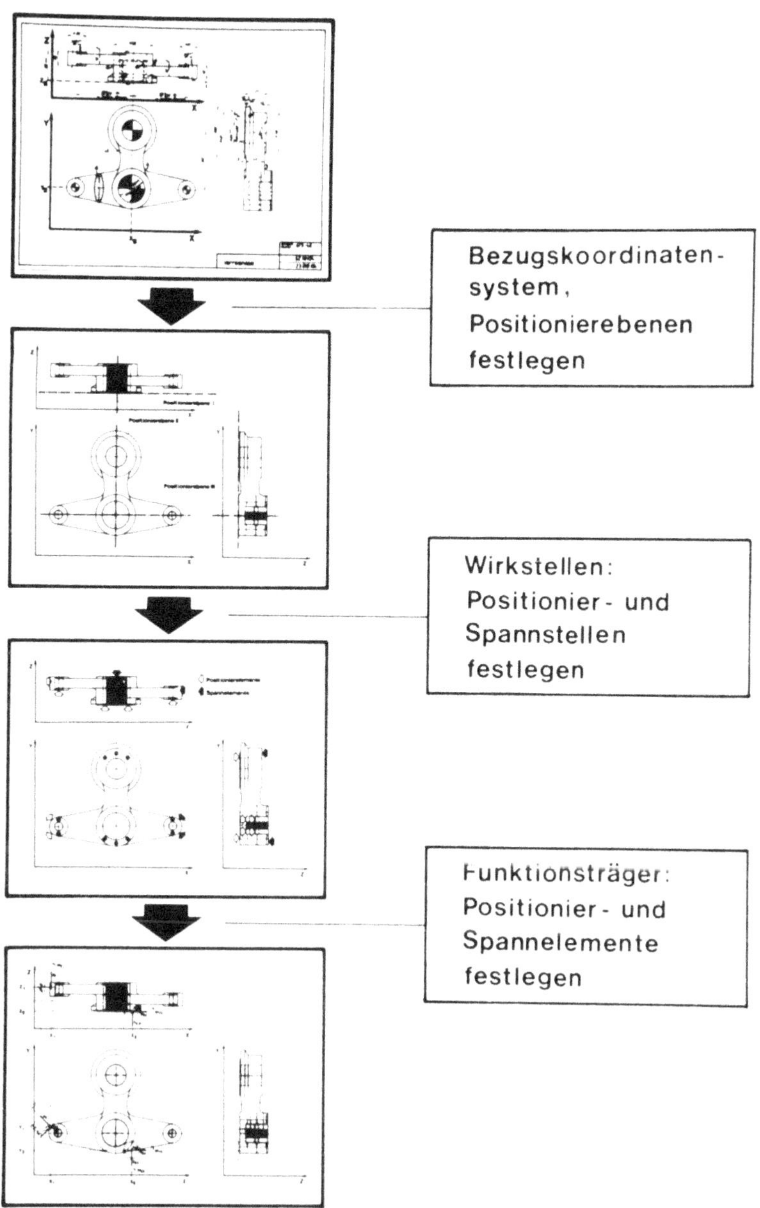

Bild 19: Bohrvorrichtung für einen Verreibhebel
(Vorbereitung der Dateneingabe)

Zur Kontrolle werden alle Daten der Wirkstellenbeschreibung
in ein Formular eingetragen (Bild 20) dieses Formular do-
kumentiert den prinzipiellen Aufbau eines Datensatzes.

Karten-Nr.		VOKON Eingabedaten-Formular (Format für Datenkarten : 13, 8F9. 3)							
		Für jeden Funktionsträger (maximal 20) sind 2 Karten erforderlich							
	3	4 (D1) 12	13 (D2) 21	22 (D3) 30	31 (D4) 39	40 (D5) 48	49 (D6) 57	58 (D7) 66	67 (D8) 75
	000	OX	OY	OZ	WX	WY	WZ		
1	015	Bauelementanzahl/Bezeichnung des Datensatzes:3 VORKLIBHEBEL						BLATT 1	79
2	330	19.							
3	000	80.	30.	20.	0.	-90.	0.		
4	330	19.							
5	000	120.	30.	20.	0.	-90	0.		
6	330	19.							
7	000	80	132	20.	0.	-90	0		
8	370	35		11.					
9	000	31.	50.	50.	0.	0.	135		
10	370	35.		11.					
11	000	31	50	50	0.	0.	-135.		
12	220	16.	36.		-13				
13	000	100.	37	55.	0.	90	180		
14	220	16.	34.		-11				
15	000	100.	130	47.	0.	90.	0.		
16	271	0.	22.	1.	3.	1.			
17	000	169	50.	40.	0.	0.	0.		
18	421	0.							
19	000	100.	50.	0	0.	-90	0.		
20									

Bild 20: Formularblatt (VOKON)

Ein Datensatz besteht aus der Elementanzahlkarte und den Da-
tensequenzen aller Funktionsträger. Jeder Funktionsträger
wird auf zwei Datenkarten beschrieben. Die erste Karte enthält qualifizierende Daten wie t.B. die Typencodenummer des
Funktionsträgers, die charakteristische Kenngröße und Steu-
erparameter zur Selektion von Wirkflächen- oder Antriebsele-
menten. Auf der zweiten Karte stehen die Daten der geometrischen Wirkstellenbeschreibung, die drei Komponenten des Ver-

schiebevektors (Bezugs-Funktionsträgersystem) und die maximal
drei Verdrehwinkel.

Die wichtigsten Hilfsmittel für die Datenerfassung sind der
Funktionsträgerkatalog und das Benutzerhandbuch (Bild 21).
In dem Funktionsträgerkatalog sind alle verfügbaren Vorrich-
tungsfunktionsträger qualitativ und quantitativ beschrieben.

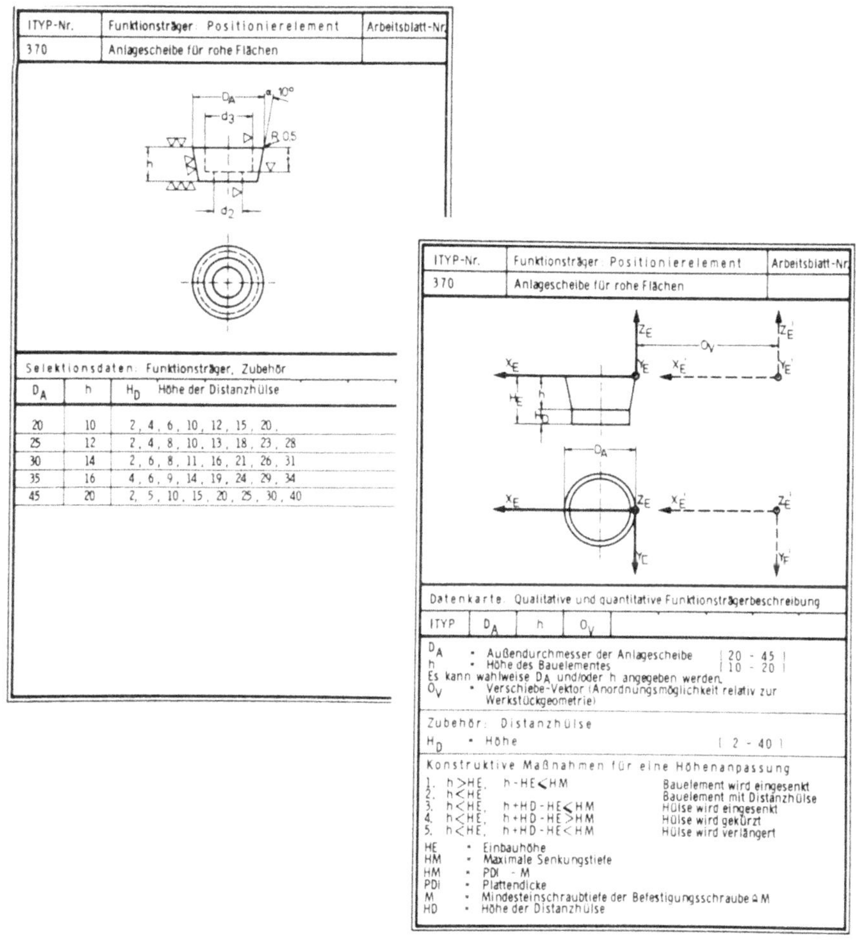

Bild 21: Arbeitsblätter (Funktionsträgerkatalog, Benutzerhandbuch)

In dem Benutzerhandbuch sind Programmbeschreibung, Ablaufplan und Arbeitsblätter aller Funktionsträger zusammengefaßt. Jedes Arbeitsblatt des Benutzerhandbuches (Bild 21) enthält eine Abbildung des vereinfachten Funktionsträgermodells, Hinweise für die inhaltliche und formale Dateneingabe und Angaben über die programmierten Konstruktionsalgorithmen und -regeln, wie z.B. konstruktive Maßnahmen für einen automatischen Distanz- oder Höhenausgleich.

Mit Hilfe des Programmsystems VOKON werden dann alle durch die Eingabe geforderten Elemente automatisch generiert, räumlich um das Werkstück lagerichtig angeordnet, dimensioniert und mit der Vorrichtungsgrundplatte verbunden. Die Ergebnisse des Konstruktionslaufes für das in Bild 19 gezeigte Beispiel sind die Zusammenstellungszeichnung der Bohrvorrichtung mit fester Stückliste (Bild 22) und die Einzelteilzeichnung mit dem Bohrbild der Grundplatte und der Koordinatentabelle (Bild 23). Zur besseren Orientierung wurde nachträglich die Werkstückkontur manuell in die Zusammenstellungszeichnung eingetragen.

Die Vorbereitungszeit für einen Programmlauf wird im wesentlichen von der Funktionsträgeranzahl bestimmt. Jedoch nimmt die Vorbereitungszeit nicht proportional der steigenden Anzahl zu, da sich beispielsweise durch Ausnutzung von symmetrischen Anordnungsmöglichkeiten oder bereits ermittelten Wirkstellenkoordinaten oder durch Verwendung von Funktionsträgern mit mehreren Wirkstellen die Wirkstellenbeschreibung verkürzen läßt. Zum Vergleich beträgt die Vorbereitungszeit für eine Vierfach-Bohreinrichtung (Bild 24) mit 22 Funktionsträgern nur das 1,5-fache der Vorbereitungszeit für eine Einfach-Bohrvorrichtung mit 8 Funktionsträgern (Bild 25).

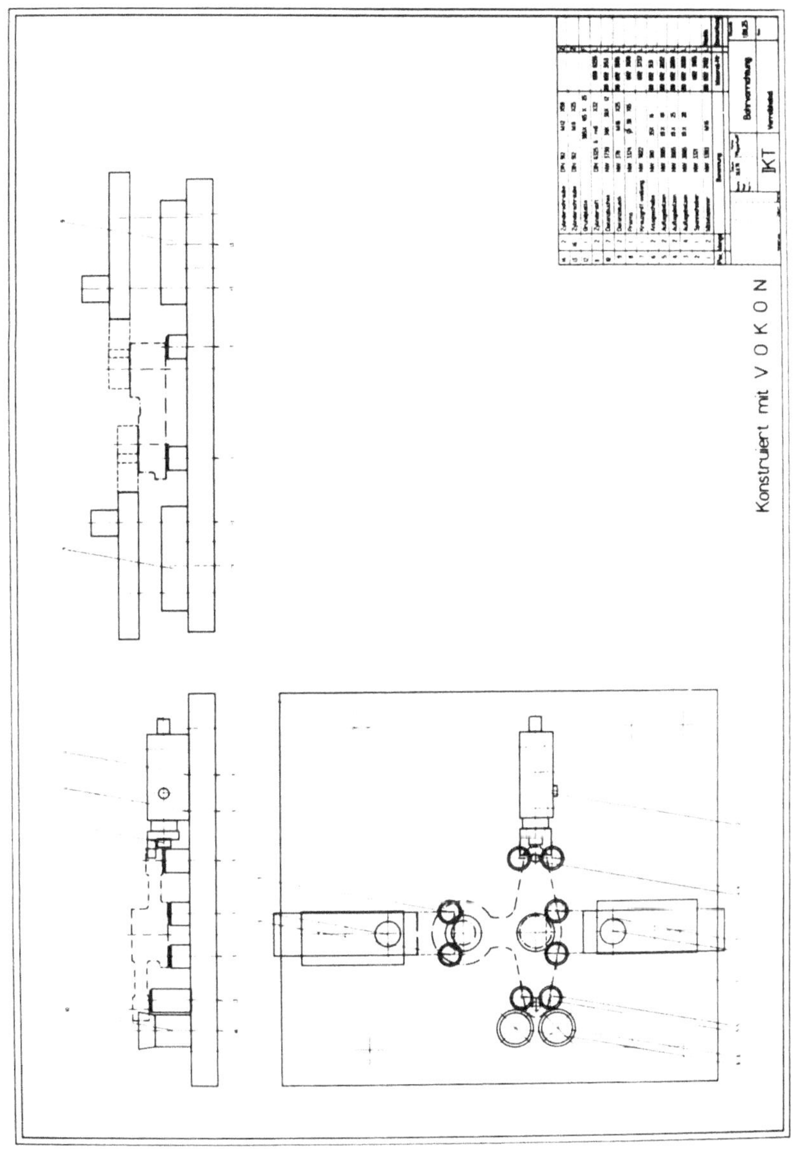

Bild 22: Zusammenstellungszeichnung der Bohrvorrichtung (Verreibhebel)

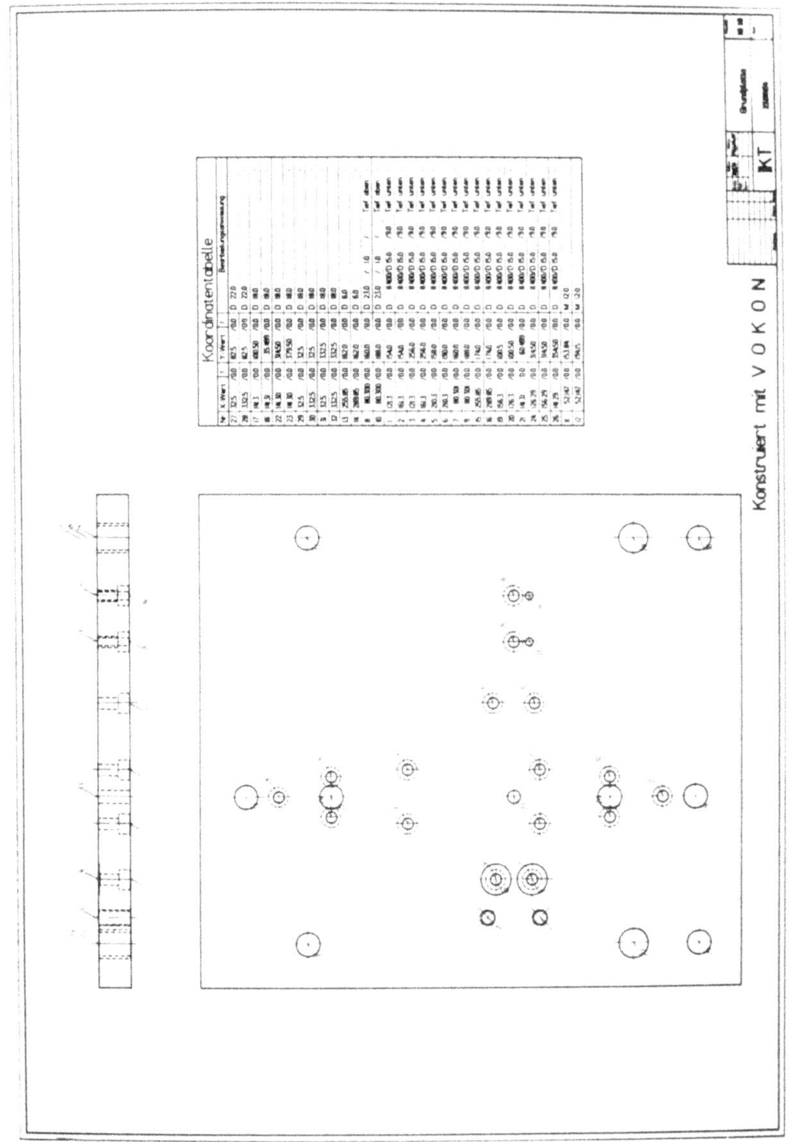

Bild 23: Einzelteilzeichnung der Grundplatte

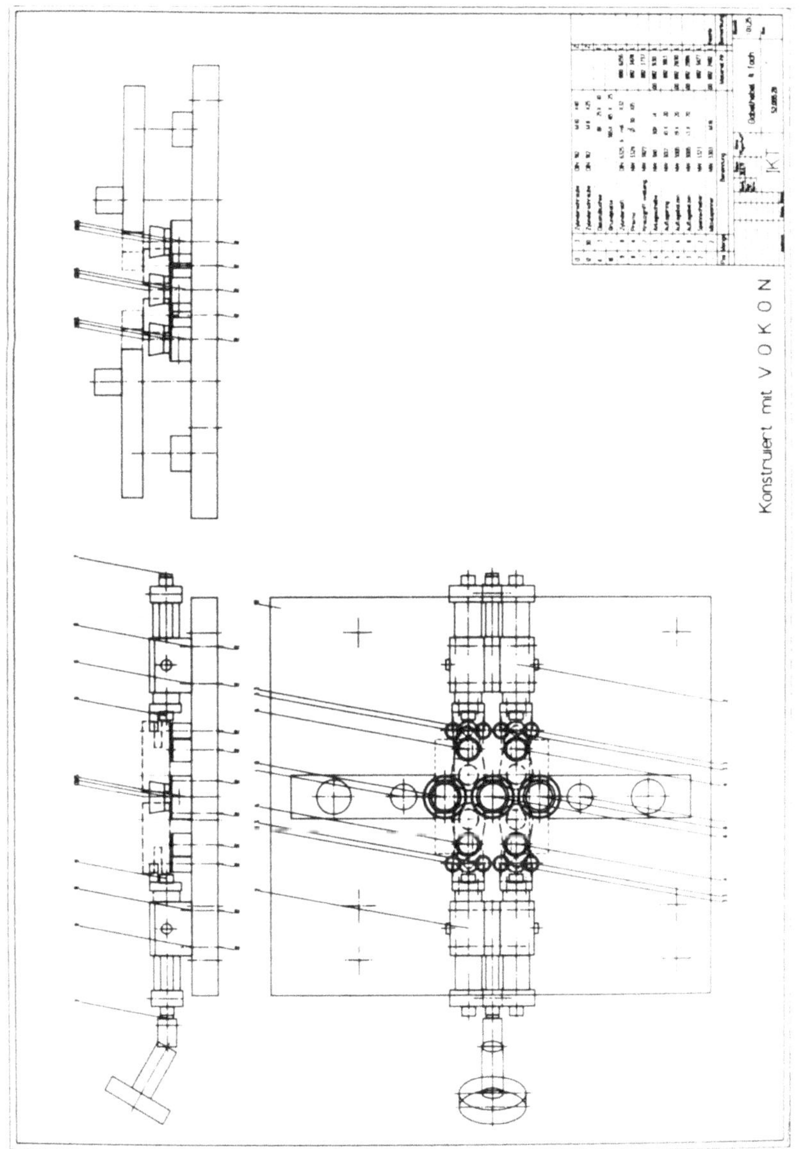

Bild 24: Vierfach-Bohrvorrichtung für Gabelhebel

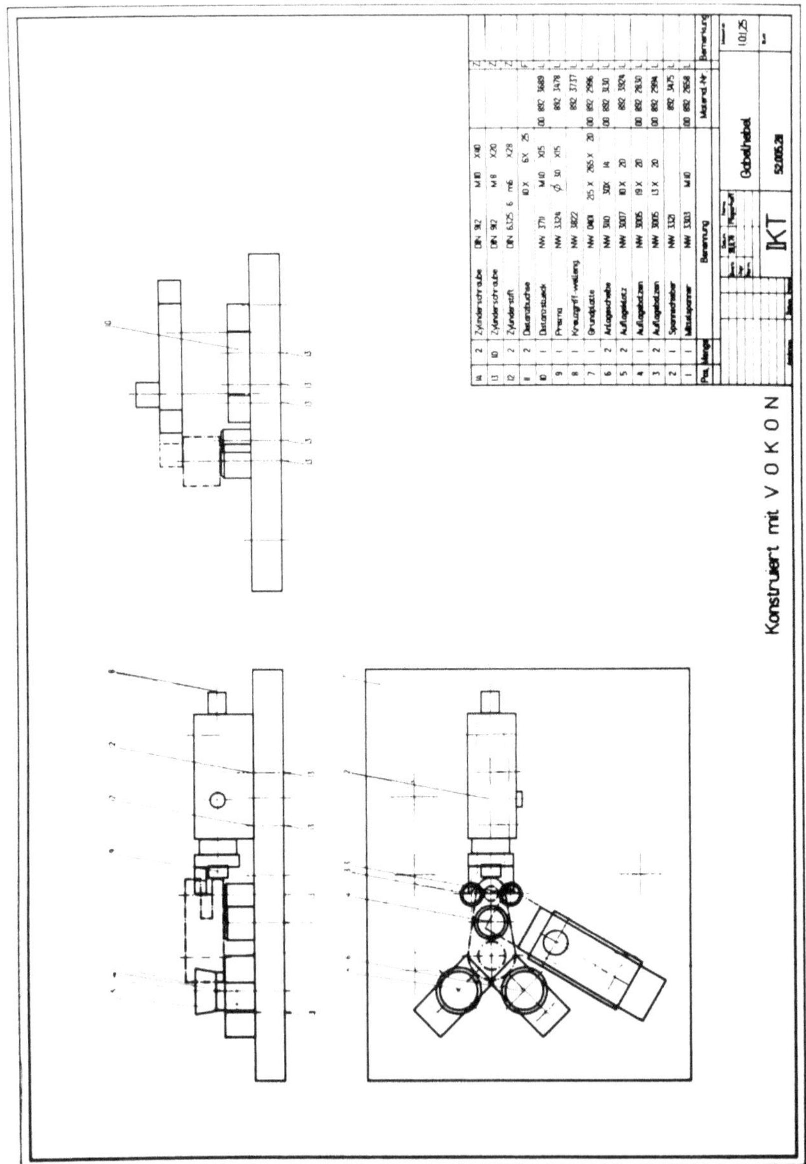

Bild 25 : Einfach-Bohrvorrichtung für einen Gabelhebel

5. Zusammenfassung

Eine Vorrichtung besteht im wesentlichen aus folgenden Funktionsträgern: Positionier-, Spann-, Stütz-, Führungs- und Verbindungselemente sowie eine alle Elemente "zusammenfassende" Grundplatte.
Diese Funktionselemente lassen sich weiter in kleinere Gestaltungs-
einheiten (Bausteine) gliedern, welche dann in einer Art "rech-
nerinternem Baukastensystem" zu speziellen Funktionsträgern zu-
sammengestellt werden können.

Der Konstruktionsprozeß für Vorrichtungen besteht im wesentlichen
darin, Positionier-, Stütz-, Führungselemente usw. für einen be-
stimmten Fall zu gestalten und so anzuordnen, daß ein bestimmtes
zu bearbeitendes Werkstück eindeutig positioniert, entgegen von
Bearbeitungskräften hinreichend festgehalten und durch einfache
Handgriffe ein- und ausgespannt werden kann. Außerdem sind die
einzelnen Funktionsträger unmittelbar oder mittelbar über eine
Grundplatte miteinander zu verbinden.
Der größte Teil dieser Tätigkeiten läßt sich sehr einfach in Re-
geln fassen und programmieren, ein kleinerer Teil dieser Tätigkeiten, wie z.B. die Bestimmung der Lage vom Funktionstrager zum
Werkstück u.a. Tätigkeiten werden besser durch den Konstrukteur
im Dialog mit dem Rechner durchgeführt.

Zusammenfassend läßt sich sagen, daß die Konstruktion für Bohr-,
Fräs-, Schleif-, Schweiß- u.a. Vorrichtungen in Zukunft wirtschaftlich und schnell mit Hilfe elektronischer Rechenanlagen
durchgeführt werden kann. Das vorliegende Programmsystem VOKON
ist für die automatische Konstruktion einfacher Vorrichtungen
bereits sehr gut geeignet. Ziel der weiterführenden Arbeiten wird
es sein, dieses Programmsystem noch dahingehend auszubauen, daß
auch sehr komplizierte und umfangreiche Vorrichtungen mit Hilfe
dieses Programmsystems konstruiert werden können.

6. Literatur

/1/   Koller, R.   Konstruktionsmethode für den Maschinen-,
                           Geräte- und Apparatebau
                           Springer Verlag (1976) Berlin Heidelberg
                           New York

/2/   Koller, R.   Rationalisierung und Automatisierung
       Pieperhoff, H.J.   der Vorrichtungskonstruktion mit Hilfe
                           elektronischer Rechenanlagen
                           Konstruktion 30 (1978) H.8, S. 319-325

/3/   Pieperhoff, H.J.   Rechnerunterstützte Konstruktion von
                           Vorrichtungen - ein Beitrag zur Ratio-
                           nalisierung und Automatisierung der
                           Vorrichtungskonstruktion
                           Dissertation RWTH Aachen 1979

FORSCHUNGSBERICHTE
des Landes Nordrhein-Westfalen

Herausgegeben
vom Minister für Wissenschaft und Forschung

Die ,,Forschungsberichte des Landes Nordrhein-Westfalen" sind in
zwölf Fachgruppen gegliedert:

Geisteswissenschaften

Wirtschafts- und Sozialwissenschaften

Mathematik / Informatik

Physik / Chemie / Biologie

Medizin

Umwelt / Verkehr

Bau / Steine / Erden

Bergbau / Energie

Elektrotechnik / Optik

Maschinenbau / Verfahrenstechnik

Hüttenwesen / Werkstoffkunde

Textilforschung

WESTDEUTSCHER VERLAG

5090 Leverkusen 3 · Postfach 30 06 20

GPSR Compliance
The European Union's (EU) General Product Safety Regulation (GPSR) is a set
of rules that requires consumer products to be safe and our obligations to
ensure this.

If you have any concerns about our products, you can contact us on

ProductSafety@springernature.com

In case Publisher is established outside the EU, the EU authorized
representative is:

Springer Nature Customer Service Center GmbH
Europaplatz 3
69115 Heidelberg, Germany